WO AI ZHONGYI
我爱中医 上

董文安　赵杜涓　主编

河南大学出版社
HENAN UNIVERSITY PRESS

·郑州·

图书在版编目（CIP）数据

我爱中医.上/董文安，赵杜涓主编.--郑州：河南大学出版社，2022.9

ISBN 978-7-5649-5328-7

Ⅰ.①我… Ⅱ.①董…②赵… Ⅲ.①中医学－少儿读物 Ⅳ.①R2-49

中国版本图书馆 CIP 数据核字（2022）第 179657 号

策划统筹	陈林涛
责任编辑	仝一帆
责任校对	王丽芳
装帧设计	翟淼淼
插图绘制	张　音

出版发行	河南大学出版社
	地址：郑州市郑东新区商务外环中华大厦 2401 号
	邮编：450046
	电话：0371-86059701（营销部）　网址：hupress.henu.edu.cn
印　刷	郑州印之星印务有限公司
版　次	2022 年 9 月第 1 版
印　次	2022 年 9 月第 1 次印刷
开　本	889mm×1194mm　1/16
印　张	7.75
字　数	73 千字
定　价	19.90 元

（本书如有印装质量问题，请与河南大学出版社营销部联系调换。）

编委会

主　任：阚全程
副主任：周　勇　　王福伟
编　委：张健锋　姬淅伟　赵圣先　代国涛
　　　　　董文安　赵杜涓　郑　宏

总顾问：唐祖宣　张　磊　丁　樱

主　编：董文安　赵杜涓
副主编：郑　宏
编　写：书小言　黄孝喜　吴玉玺
　　　　　叶　磊　孟　革　文晓欢
审　稿：叶　磊　臧云彩
音　频：张红改　高　磊　褚艳楠
　　　　　薛　聪　张越宁

前　言

　　中医药学是中国古代科学的精髓，是中华民族的伟大创举；中医药文化是中国的国粹，植根于五千多年丰厚的中国传统文化。

　　习近平总书记指出，中医药学凝聚着深邃的哲学智慧和中华民族几千年的健康养生理念及其实践经验，是中国古代科学的瑰宝，也是打开中华文明宝库的钥匙。

　　实施中医药文化传播行动，推动中医药文化贯穿国民教育，培植中医药发展沃土，让中医药融入中国人生活，特别是融入广大青少年的学习生活，就是坚定中医药文化自信，贯彻落实《中共中央 国务院关于促进中医药传承创新发展的意见》的具体行动。

　　因势利导，顺势而为，这套书，就是在这样的背景下应运而生的，分上、下两册，方便小读者阅读。

　　小学生人生经验和阅历欠缺，很难跟厚重的中医药文化建立情感联结，而且中医药学知识点多面广，深奥难懂，极易带来枯燥无味之感。因此，从编撰之初开始，如何让《我爱中医》这套书更接地气儿，贴近同学们的学习实际，贴近同学们的日常生活，一直是编写组思考并努力

破解的问题。

几经研讨，反复推敲，我们确定了《我爱中医》的编撰原则：取材名家、讲好故事、通俗易懂、生动活泼、有用实用。让同学们在阅读图文并茂、妙趣横生的中医药故事时，学有所思、学以致用，接受中医药文化的启蒙，感悟中医药文化的博大，体会中医药的神奇，领略中医药的无穷魅力。

需要说明的是，我们选编的故事，有的来自古籍正史，有的来自神话故事，有的来自民间传说，有的来自归纳演绎。正因为来源渠道多，加之囿于时间及水平，难免不够严谨、不够精准、不够全面，恳请读者朋友们不吝指正，以便我们再版时修订。

《我爱中医》的编写得到了方方面面的支持和帮助，引用了线上线下的诸多文章著作，借鉴了众多专家学者的研究成果，在此一并致谢！

少年智则国智，少年强则国强。

春风化雨，春华秋实。今天，我们播撒中医药文化的种子；明天，我们必将迎来中医药文化的叶茂枝繁。

编者

目录

辑一　001
叶茂只因根儿深

- 神农识药尝百草　003
- 岐伯黄帝"论医道"　009
- 伊尹厨房创汤剂　017
- 扁鹊望诊蔡桓公　023
- 华佗发明麻沸散　029
- 仲景坐堂解民苦　035

辑二　041
一草一木都是药

- 葛洪青蒿驱瘟疫　043
- 思邈巧遇"姐妹花"　049
- 怀隐偶知浮小麦　055
- 宋慈验汤洗冤屈　061
- 朱橚本草救饥荒　067
- 时珍苔藓解蜂毒　073

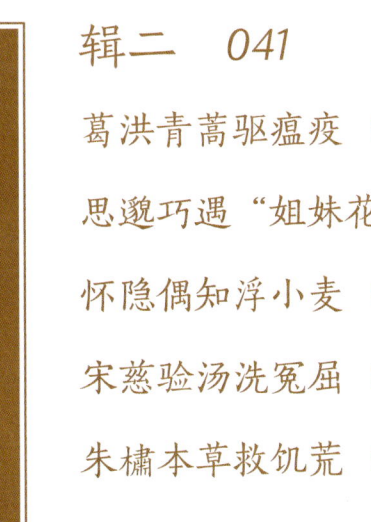

辑三　079

不可思议的疗效

鲍姑红艾祛疣瘤　081

张锐妙手活"死人"　087

景岳巧取腹里钉　093

喻昌"响豆"治失眠　099

叶桂饭团愈奇病　105

叶薛一笑泯恩仇　111

辑一　叶茂只因根儿深

中华医药，绵延千年；历代名医，群星璀璨。

中华先贤胸怀百姓疾苦，慧心观法自然，发现中药、畅论医道，奠定了中医学理论基础。

名医大家身历乱世经年，躬身临证实践，四诊合参、六经辨证，完善了中医学实践经验。

根深者叶茂，源浚者流长。

千百年来，中医药不断传承精华，培根铸魂；千百年来，中医药不断守正创新，生生不息。

神农识药尝百草

上古时期,五谷和杂草,药物和百花长在一起,哪些能吃,哪些能治病,谁也分不清。

黎民百姓靠打猎采集度日,但飞禽走兽越打越少,人们就只好饿肚子;生了疮害了病,也只能忍受,然后死去。百姓的疾苦,首领神农看在眼里急在心头:怎样才能让百姓填饱肚子,治好百病呢?

苦思冥想三天三夜,神农终于有了办法。

第四天,神农带着一批臣子,向大山里走去。走呀走呀,腿肿了,脚起茧了,他们也不停歇。终于,他们来到了一个地方,只见这里山峰一座座,峡谷一条条,长满奇花异草,香气四溢。

突然,峡谷里蹿出一群狼虫虎豹,把他们团团围住。神农让臣子们挥舞神鞭打向野兽,来一批打一批,打了七天七夜才把野兽全部赶跑。据说虎、豹、蟒蛇身上被神鞭抽出的一条条一块块的伤痕,后来就变成了皮上的斑纹。

这里太险恶了,臣子们劝神农回去,神农摇摇头说:"百姓没食物充饥,没药物治病,我们不能回去!"

神农带领臣子进了峡谷,来到一座大山脚下。那高山直插云霄，陡如刀削，崖上挂着瀑布，长满青苔，溜光水滑，没有天梯谁也别想上去。

臣子们又劝神农回去，神农还是摇摇头说："百姓没食物充饥，没药物治病，我们不能回去！"

神农站在一座小山上，对着高山，上看下看，左看右看，苦思登山之法。这时，神农看见几只猴子攀着藤条、树枝在悬崖上爬来跳去，他灵机一动，有了办法。

神农立即叫臣子们割藤条，砍木杆，靠着山崖搭成架子，一天搭一层，从春到夏，从秋到冬，整整一年，搭了三百六十五层，才搭到山顶。传说后来建房用的脚手架，就是从这儿来的。

神农带着臣子，踏着木架攀上山顶，只见山上草木葱绿，百花盛开。神农亲自采摘各种花草，放到嘴里尝。

为了防野兽，神农让臣子栽了几排冷杉当城墙，在墙内盖茅屋居住。

白天，神农领着臣子到山上尝百草；晚上，他叫臣子生起篝火，就着火光记录各种植物的药性：酸、苦、甘、辛、咸、寒、热、温、凉。哪些能充饥，哪些能医病，都写得清清楚楚。

有一次，神农尝了一片草叶，霎时天旋地转，一头栽倒。臣子们慌忙扶他坐起，他明白自己中了毒，可是已经不会说话了，只好用力指着一棵红亮亮的灵草，又指指自己的嘴巴。

臣子们慌忙把那株灵草喂到他嘴里。不一会儿，毒气解了，神农头不昏了，又会说话了。

臣子们担心神农天天这样尝草识药太危险，都劝他下山回去，神农依然摇摇头说："百姓没食物充饥，没药物治病，我们不能回去！"

说罢，神农又接着尝百草，尝完这座山上的花草，又到那座山上去尝，踏遍了这里的山山岭岭。

神农尝出了稻、黍（shǔ）、稷（jì）、麦、菽（shū）等能充饥，就叫臣子把种子带回去，教百姓种植，这就是后来的五谷；神农尝出了365种草药，都一一记录下来，叫臣子带回去，为百姓治病。

大功告成了！当神农准备下山回去时，他放眼一望，以前搭好的满山木架竟然都不见了。那些搭架的木杆，早已落地生根，淋雨吐芽，天长日久，长成了一片茫茫林海。

神农勇尝百草，教会百姓农耕稼穑（sè），奠定了中药学的基础，被后世尊为"三皇"之一。

名医名片

神农，姜姓，号神农氏，中国上古人物，为"三皇"之一，传说中的农业和医药的发明者，有"神农尝百草"的传说。传说神农尝尽百草，服用太多种毒药，积毒太深，又中断肠草之毒，不幸身亡。

五谷与百草的陆续发现，当为古代人民长期经验之积累，而神农或曾做过整理，遂归此大功于他。

脑洞大开

1. 你知道五谷指的是哪五种植物吗？
2. 神农为什么要坚持冒险去尝百草呢？

学以致用

什么是"药食同源"?

厨房中常用的一些蔬菜水果和调味品也能治病,这种"食材即是药材"的现象,我们称之为"药食同源"。

日常生活中,药食同源的食物有很多。以水果为例,我们常吃的苹果、梨、葡萄、桃子等,都是药食同源的食材。

苹果味道甘甜,能生津除烦,解暑开胃,还能醒酒。因此,酒桌上的餐后水果,苹果一定得安排上。

梨子酸甜,能润燥,清热,化痰。秋燥咳嗽以及高烧之后咳吐黄痰,服用冰糖炖雪梨能很好地缓解。

葡萄和桃子都是美味的夏季水果,葡萄能利尿,桃子能润肠通便。但两者都不能一次吃太多,不然会生内热,容易心烦、头晕、出疖子。特别要注意,桃子不能与甲鱼同食,否则会让人心痛不适,所以有甲鱼汤的宴会,餐后水果里面一定要避开桃子哦。

同学们,你还知道哪些"药食同源"的水果或蔬菜呢?用手抄报的方式为大家介绍一种吧!

名医故事

扫码听故事

岐伯黄帝"论医道"

2020年2月，为了应对新冠肺炎疫情，河南省建成了岐伯山医院，专门收治确诊的新冠病人。

岐伯山因何得名？又在哪里呢？要回答这个问题，就要从轩辕黄帝和名医岐伯说起了。

上古时代，黄帝和蚩尤两大部落交战正酣，胜负未分。

话说这一天，黄帝正在帐中焦急地等待着前方的战报。这已经是黄帝和蚩尤的第九次大战了。蚩尤铜头铁臂，凶悍勇武，黄帝连输了八次，士气低落，元气大伤。此时，一名士兵步入帐中，他满面是血，神情悲愤，还未开口，黄帝便心下一沉，知道又输了！

这该怎么办呢？有什么办法能够突破对方的铜墙铁壁呢？

黄帝正在一筹莫展，忽然帐外有人来报，说是一位先生求见。

来人一进帐，黄帝眼前一亮，只见来人仙风道骨，气宇轩昂，一副奇士高人的模样。

"在下岐伯，有个办法可帮您鼓舞士气，战胜蚩尤大军。"

来人自报家门，也不客气。

"先生请指教。"

"治兵先稳军心，励兵先鼓舞士气。能够稳定军心和鼓舞士气的，我认为莫过于音乐了。五音能入五脏，可振我方的士气，也可伤敌于无形。"

黄帝一听，似乎有点玄乎，又似乎有些道理，连忙一拱手："多谢先生！愿闻其详。"

岐伯微微一笑，说道："您可以制作金镯、金铙、号角等乐器，操练一支专门用音乐克敌制胜的军队。"

用音乐来打仗？闻所未闻呀！但看这位岐伯先生胸有成竹的样子，反正黄帝也想不出其他好办法，姑且一试吧！

半个月后，岐伯教导的鼓乐队正式出战了。

看着对面阵营后方的鼓乐队，手中都是些吹吹打打的乐器，蚩尤和他那八十一个铜头铁臂的兄弟都乐了，心想莫非是黄帝这小子连吃败仗，气坏了脑袋？

战争开始了。

岐伯亲自指挥，只见他将令旗一挥，战士们掏出棉花团，堵住了自己的双耳；他又将令旗一挥，演奏开始了。各种乐器或缓或急，或轻或重，或单击，或合奏，有条不紊地变换着调子，一曲曲奇怪的音乐很快响彻战场上空。

蚩尤正准备下令冲锋，但一看对手的阵势，有点摸不着头脑，心想，难道黄帝在耍什么花招？可又想，他已经是手下败将了，又能玩出什么花样呢？

蚩尤哈哈大笑起来，他的战士们也一个个笑得前仰后合。

就在这时，岐伯的令旗一收一扬，高洁澄净、淡荡清邈的羽音响了起来，蚩尤大军一听，顿时感觉如坠仙境，飘飘然起来，渐渐失去了军人的血性，战意缩减了大半；紧接着，深远悠扬、错落有韵的角（jué）音响起，直接穿透了蚩尤军的铜皮铁骨，他们心慌意乱，不寒而栗，战斗意志基本瓦解。

此时，蚩尤终于感觉不对头了，可为时已晚，只见岐伯把令旗往空中一抛，震耳欲聋的战鼓声响起，黄帝的战士们纷纷拔出耳朵里的棉花，如下山猛虎般地冲杀过来。

蚩尤的战士们还沉浸在奇怪的音乐中，他们神志迷离，锐气消退，哪还能抵抗黄帝大军的勇猛冲击，瞬间溃不成军。

"当当"的鸣金声中，黄帝收兵了。

这一仗，黄帝大胜！

参战的黄帝目瞪口呆。直到这时，黄帝才真正相信，岐伯人才难得呀！他立即拜岐伯为师，同他学习乐以鼓气、药以疗伤的方法和道理。

有了岐伯的扶助，黄帝的军队士气高涨，连战皆捷，终于斩蚩尤于中冀。各部落也纷纷投奔而来，拥戴他为华夏民族的首领。

后来，黄帝把嵩山东麓的一座山命名为岐伯山（位于河南省新密市），在此兴建楼宇，作为专门研修医学的圣地。他尊岐伯为天师，并亲自参与研讨，中医的基础理论由此初创并口耳相传，进入文字时代后著录成书，流传至今。

名医名片

黄帝，中国古代部落联盟首领，远古时代华夏民族的共主，五帝之首，被尊为中华"人文初祖"，姬姓，号轩辕氏，因建都于有熊，亦称有熊氏。黄帝在位期间，播百谷、种草木，大力发展生产，始制衣冠、建舟车、制音律、兴医药等。

岐伯，中国上古时期著名的医学家，黄帝的大臣，精于医术脉理，被后世尊称为"华夏中医始祖"。中医学奠基著作《黄帝内经》基本上是以黄帝询问、岐伯作答的形式来阐述医学理论的，但目前学术界认为此书是后人总结前代医家理论时，托黄帝、岐伯之名而作。

脑洞大开

1. 以黄帝询问、岐伯作答的形式，论述医学理论的中医学奠基著作是什么？

2. 岐伯所说的"五音"是指什么？

3. "四面楚歌"的故事和"岐伯退兵"的故事有什么共同之处？

学以致用

五音和健康

古人的乐谱和现代乐谱不同,古人认为,天地间的声音,都出自"宫、商、角(jué)、徵(zhǐ)、羽"五音,低音就是宫,次低音为商,高低音为角,次高音为徵,最高音为羽。

其中,角音入肝,徵音入心,宫音入脾,商音入肺,羽音入肾。音乐与人体的健康密切相关,现在的一些医院设置了音乐治疗专科,一些音乐院校还专门开设了音乐治疗专业。

角调音乐多为木鱼、古箫、竹笛之声。能调理肝脏、胆囊的健康,代表曲目《列子御风》《庄周梦蝶》等。

徵调音乐多为丝弦类的古琴之声,对心血管的功能具有促进作用,代表曲目《山居吟》《文王操》等。

宫调音乐多由埙等乐器吹奏,能调和脾胃、平和气血,代表曲目《梅花三弄》《春江花月夜》等。

商调音乐多由编钟、磬、锣鼓、铃声、三角铁等演奏,浑厚清脆,入肺经与大肠经,可以治咳嗽、气喘、胸闷、肩背痛、风寒感冒等,代表曲目《长清》《白雪》等。

羽调音乐多为水声、鼓声,有滋补肾精,益智健脑的作用,代表曲目《梁祝》《汉宫秋月》等。

同学们,上面提到的曲目你都听过吗?如果没有,快找来听听，再和大家分享一下你最喜欢的那一首吧！

扫码听故事

伊尹厨房创汤剂

一个厨子当了大官,把掌勺时悟出的道理用在工作上,竟然把国家治理得井井有条。是不是挺不可思议的?

你还别不信,真就有这么一位厨子,他不仅成了一国之相,执掌国家大权,还在小厨房里搞出了大发明!

这位堪称天下第一厨的厨子,就是商王成汤的宰相伊尹。

伊尹出身卑微,是一个奴隶,但他学识渊博,天文地理无所不通,还特别擅长烹饪。

当时,天下大旱,一旱就是七年。大片大片的庄稼颗粒无收,成批成批的奴隶饿死。

成汤心急如焚,只好搭设祭坛,祈求上天,赐予人间风调雨顺,国泰民安。

为了表达虔诚,成汤剪断头发,沐浴斋戒,一连七天七夜向天跪拜。他的真诚感动了天帝,天空开始电闪雷鸣,大雨倾盆而下。

"苍天开眼了!我们有救了!"

人们欢呼雀跃,相互拥抱,泪流满面。

成汤也高兴得手舞足蹈,站在雨中与老百姓一起狂欢,尽情地让大雨将自己淋得透湿。

旱情得以缓解，庄稼重现生机。可是成汤却病倒了，因为长时间的操劳，加上淋雨感染了寒湿，他高热不退，上吐下泻。

御医们手忙脚乱，准备了一堆草药和药丸。当时，人们服药的方法就是直接咀嚼，可成汤十分虚弱，根本咽不下去。这该怎么办呢？御医们束手无策，大臣们也急得团团转。

这时的伊尹还是一位厨师，他目睹了成汤祈福、淋雨的经过，很受感动。于是使尽浑身解数，给成汤做了很多美味佳肴，希望成汤能够吃下去，身体好起来，为老百姓带来更多的幸福。

可是，伊尹的努力也无济于事，成汤的病情越来越重了。

伊尹不只精通烹饪技术，还钻研过医术。他明白，治病离不开用药，当务之急是让成汤把药吃下去。

在厨房里，伊尹来回地踱步，不住地思索，有什么办法才能让大王吃下药呢？

灶台上，汤罐里正熬制着高汤，咕嘟咕嘟翻腾着，缕缕白色的蒸汽升腾开来，满屋里洋溢着浓郁的芳香。

"要是这药也像高汤一样，该多好啊！"伊尹自言自语道，"可是，药怎么能变成高汤呢？"

忽然，伊尹灵机一动，有了一个大胆的想法：大王虽然没有力气咽下草药和药丸，但是喝汤不用费力啊！如果我把这些药物熬成汤，让大王喝下，岂不是个好办法？

"对！就这么办！"伊尹激动得简直都要跳起来了。

于是，伊尹将草药洗净、剁碎，按照御医的药方，用砂锅煎煮，熬成汤汁，然后把汤汁过滤出来，献给了成汤。

成汤喝下汤药后，身体果然一天天好起来了。

伊尹发明了中药汤剂，还救了成汤的命。大病痊愈后的成汤非常高兴，命令史官把这件事刻在龟甲骨板上，让后人永远记住伊尹的创举。

后来，成汤还发现伊尹满腹经纶，有经天纬地之才、安邦定国之志，就免去了他的奴隶身份，并扶持他当了宰相。

名医名片

伊尹，商初大臣，史籍记载生于洛阳伊川，商朝杰出的政治家、思想家，被后人尊为"中华厨祖"。

伊尹发明了汤液，提高了药物的疗效，其著作《汤液经法》详细叙述了煎熬草药的过程和方法。

伊尹还是一位杰出庖人（厨师）。他从药食同源的角度论证了食物与药物其实存在着密不可分的关系，创立的"五味调和说"与"火候论"，至今仍是中国烹饪的不变之规。

脑洞大开

1. 汤药出现之前，人们是怎么服药的？
2. 你见过的中药都是什么样的？

学以致用

给家人做杂粮粥

杂粮粥营养价值很高,有较好的滋补作用,制作起来非常简单。

● 配方

红豆、绿豆、黄豆、黑豆、紫米。

● 做法

1. 将红豆、绿豆、黄豆、黑豆用清水泡一晚上。

2. 将泡好后的豆类和紫米一起放到电饭煲里面煮上40分钟。要是家里没有专门煮粥的电饭煲,也可以用其他的锅具,只要粥看起来很烂而且比较黏,就说明煮熟了。

请同学们记住,原料不一定要全部照搬,可以根据自己的口味和喜好进行配方调整。

另外在煮粥时要注意安全,一定要在爸爸妈妈的指导下进行哦!

扫码听故事

扁鹊望诊蔡桓公

战国时期,有一位医生叫秦越人,医术高明,相传有起死回生之能,人们尊称他为"扁鹊"。

扁鹊精于脉诊,擅长"察颜观病",就是望诊。据说,如果病人从他面前走过,只要他远远看上一眼,就能知晓此人的病情。特别神奇!

有一次,扁鹊游历到齐国。蔡桓公(《史记·扁鹊仓公列传》中作"齐桓侯")听说名医扁鹊来了,马上以贵宾之礼亲自接见。

春秋战国时期,各国王侯都特别重视人才,是不是真重视不说,但表面上都会给足面子,彰显自己爱才惜才。

蔡桓公就在宫内接见了扁鹊,双方在热情友好的气氛中开始"闲聊"。聊着聊着,扁鹊开始面露忧色,说道:"大王,我观察您的面色,发现您有一点小毛病,不过您不用担心,现在这病在肌肤之间,及时治疗就无大碍,但如果不治的话,恐怕……恐怕就会加重。"

"什么?寡人有病?"原本兴致勃勃的蔡桓公脸色瞬间阴沉下来,"寡人没病,寡人能有什么病?!"

气氛有些尴尬,扁鹊只好默默地退了出去。

"这些医生啊,就是喜欢给没有病的人治病。"扁鹊前脚刚走,蔡桓公就很不屑地对身边大臣说,"你们知道为什么吗?"

"不知道!请大王明示。"众大臣异口同声。

"没有病不就一治就'好'嘛!"蔡桓公哈哈大笑,"以此来炫耀他们的本事大呀!"

王宫里哄堂大笑。

过了十天,扁鹊不放心,再次拜见蔡桓公。

"大王,您的病现在已经发展到了血脉里,如果再不治疗,真的会加重!"见到蔡桓公后,扁鹊的担忧又多了几分。

"寡人没有病!"

"大王,您的病……"

蔡桓公不高兴了,但还是忍住了脾气,毕竟扁鹊是名人,面子还得给,于是摆了摆手,做了个"请"的动作。

"先生要是没什么事,就回去好好歇息吧!"

蔡桓公下了逐客令,扁鹊只得又退了出去。

又过了十天,扁鹊还是不放心,尽管不太情愿,但毕竟人命关天呀,就硬着头皮,第三次去拜见蔡桓公。

见到蔡桓公,扁鹊急了:"大王,您的病现在已经发展到了肠胃里,再不治疗的话,后果不堪设想啊!"

这次蔡桓公是真的火了,扁鹊呀扁鹊,让你们天天住国宾馆,还好吃好喝地招待,怎么就一个劲儿地说寡人有病呢?

这扁鹊不会是徒有虚名吧？

蔡桓公站起来，正准备大发雷霆，突然意识到，寡人是一国之君，这样有失涵养和体面，于是强忍怒火，又坐了回去。

"先生，寡人这好好的，哪有什么病？"蔡桓公道，"先生要是有什么难处，请尽管说出来，可别不好意思呀！"

扁鹊一听，也不乐意了，怎么？这是觉得我在骗吃骗喝吗？

罢了，罢了！扁鹊见状，痛心地叹了口气，转身离开了。

就这样，又过了十天。

此时的扁鹊早已不生气了，便又担忧起蔡桓公的病来，毕竟事不过三，王宫是没法再进了，只好来到王宫门前，看能不能"偶遇"上蔡桓公。

真是无巧不成书。在王宫门前，尽管是远远的，扁鹊还真的遇见了蔡桓公。但他只瞄了蔡桓公一眼，立刻转身就跑。

"那不是扁鹊吗？"蔡桓公觉得很奇怪，就吩咐身边的人，"去问问他，为什么见到寡人掉头就跑呢？"

扁鹊对来人说："如果疾病在肌肤，用热敷，很快就能治好；如果疾病到了血脉，用针灸可以治好；如果疾病到了肠胃，喝一些火剂汤也能治好。如果疾病深入骨髓，那就是阎王爷管的事了。现在大王病入骨髓，我还有什么办法呢？"

蔡桓公听了，只是笑了笑，仍不以为然。

又过了五天，蔡桓公突然觉得遍体疼痛，浑身不舒服，竟然一病不起了。

"快！快！快！赶快去请扁鹊先生！"

可这个时候，扁鹊早已不知道跑到哪里去了。

为什么要跑？不跑就要进宫治病呀，可蔡桓公的病已经无药可救。大王一死，指不定这帮王公贵族就把责任推给医生，那可是杀头的死罪！

就这样，蔡桓公很快就病死了。

名医名片

扁鹊，本名秦越人，战国时期名医，渤海郡人。扁鹊原本是传说中的一种神鸟，会针穴治病，后世用以称谓神医。因秦越人有起死回生的医术，人们尊称其为"扁鹊"。

扁鹊精于内、外、妇、儿、五官等科。在诊视疾病中，他已经应用了中医全面的诊断技术，即后来中医总结的望、闻、问、切四诊法。他尤其擅长切脉，被后世认作脉诊的"开山祖师"。

1. 中医的"四诊"指的是哪四种诊断方法?
2. 最后一次见到蔡桓公时,扁鹊为什么转身就跑?
3. 听了这个故事后,你能想到哪些成语?

察"舌"观病

"望诊"是中医"四诊"望、闻、问、切中的一个。望诊包含了很多内容,其中的"舌诊"是简单明了观察健康情况的一种方法。

你可以请同桌伸出舌头,观察一下他(她)的舌头。

如果他(她)的舌尖很红,表示体内有热,可能正在"上火";

如果他(她)的舌苔又厚又黄又腻,表示胃里面存在没有被好好消化的食物,正在发酵;

如果他(她)的舌头胖胖的,边上还有牙齿印,表示消化系统比较虚弱,可能容易拉肚子或者食积发烧。

同学们,你学会了吗?

华佗发明麻沸散

东汉末年,军阀割据,战争连绵不断,受外伤的人很多。华佗是当时的名医,尤其擅长外科,人们经常去找他治疗外伤。

华佗是个惜贫怜苦、有求必应的人,不管是兵是民,只要找到他,他都给医治。找他治病的患者,有需要缝合的,有需要切开皮肉、吸出脓液的。可那时没有麻醉药,每次治疗时,患者都苦不堪言。

华佗也很心疼,但为了保住患者的性命,就必须把坏死的皮肉割掉,把体内的脓液排出。有没有一种方法能让患者在治疗时不那么痛苦呢?这是华佗一直在思索的问题。

有一次,华佗给病患们处理了整整一天的外伤,由于切肉排脓时的疼痛,病患们挣扎得很厉害,华佗又要费力按住病患的肢体,又要费心找准施术的部位,精神高度紧张,早已精疲力竭。因此,他刚一回到家中,就迫不及待地拿起酒壶,猛灌了几大口来缓解压力。但因为空着肚子,酒又喝得猛,华佗很快便醉了,人事不省。

这可把华佗的妻子吓坏了,急忙拿出银针抢救,扎了人中又扎百会,人还是不醒。妻子冷静下来,仔细摸了摸他的脉,这才放下心来，原来真的只是喝醉了。

又过了两个时辰，华佗才醒过来。妻子又好气又好笑，就把扎针的经过给他讲了一遍，华佗听了很是惊奇：我竟然没有感觉？难道醉酒能让人失去知觉吗？

于是他决定再试一次。

经过几次亲身试验，华佗得出结论：酒，有麻醉作用。

这可是个好消息，此后华佗给人处理外伤时，就叫患者先喝些酒，等醉了之后再切割皮肉，大大缓解了治疗的痛苦。但有些治疗需要的时间长，刀口大，流血多，单凭醉酒不能让人坚持到最后。看来还得寻找一种更强力的麻醉剂才行！

有一天，华佗到乡下行医，碰到了一个奇怪的病人，他脉搏正常，也不发烧，就是躺在地上不能动，而且牙关紧闭，口吐白沫。

"他是不是以前生过什么病啊？"华佗问。

"他身体好着哩，啥病都没有，就是今天不小心吃了几朵山茄花！"病患家人说。

华佗心中微微一动，连忙说："快把那花拿来我看！"

病患家属很快摘来一朵喇叭一样的花朵，递给华佗。华佗看了看，闻了闻，又撕下花瓣放进嘴里尝了尝，顿时觉得头晕目眩，满嘴发麻。

好大的药劲儿呀！

知道了病因，华佗对症下药，很快把人救醒了。他没要诊金，就只让那人摘了一筐连花带根的山茄花给他。

回到家中，华佗兴奋地对妻子说："这回我可找着好麻醉药啦！"

妻子往他筐里一看，什么稀罕宝贝？这不是山茄花嘛！

"你可别小看这花，劲儿可比酒大多喽！"华佗笑着说。

从那天起，华佗开始反复试验，结果发现，花朵的麻醉效果最好。接着华佗又找了一些其他的药材与山茄花相配，既增加了麻醉效果，又克制彼此的毒性，最终制成了新的麻醉药。

华佗高兴地给这款麻醉药取名"麻沸散"。

"有了麻沸散，治病如神仙"，这话可一点也不假。此后，华佗进行外科治疗时更顺利了，患者的痛苦也大大减轻，"睡个觉就能治伤"不再是个梦想！

名医名片

华佗,又名旉(fū),字元化,沛国谯(今安徽亳州)人,东汉末年医学家。

华佗医术全面,精通内、外、妇、儿、针灸各科,尤其精于手术,被尊为我国外科医学的鼻祖,发明的"麻沸散"是世界上最早的麻醉剂。所著医书已佚,现存《中藏经》,为后人托名之作。

脑洞大开

1. 华佗被尊为哪个学科的鼻祖?

2. 你知道山茄花还有哪些名字吗?

3. 你认为华佗发现山茄花可以做麻醉剂是一个偶然吗?如果不是,为什么?

学以致用

辨别山茄花与秋葵

山茄花,是一种野花,也是一味中药材,它的中药名叫洋金花,也叫曼陀罗。它具有平喘止咳、镇痛解痉的功效。可以用于治疗哮喘咳嗽、脘腹冷痛、风湿痹痛、小儿慢惊以及用于外科麻醉。需要注意的是,因为这味药物有毒性,所以一般不直接口服,而是配入丸药中,制成卷烟燃吸,或者外用。

曼陀罗的外形长得和野菜秋葵类似。2015年时,就有人误把曼陀罗当成了秋葵,采摘回家食用后出现中毒现象。

同学们,快去告诉家人,千万不要误食哟!

曼陀罗

秋葵

扫码听故事

仲景坐堂解民苦

古时候，入朝为官是很多读书人的梦想，但也有一些"另类"，他们不稀罕当官做老爷，却偏偏喜欢给人看病。

南阳的张仲景就是这些"另类"中的一位，而且看病还看出了大名堂！

张仲景生于东汉末年，出身官宦世家，年纪轻轻就承袭家门，被州郡举为孝廉。只要他好好攻读四书五经，将来定能出将入相，光耀门楣。但张仲景却意不在此，他更向往的是成为像扁鹊那样的神医！

建安年间，张仲景被朝廷任命为长沙太守。此时，他已习医数年，师从同郡名医张伯祖。要说这官也不小，相当于现在的长沙市市长。当官就好好当官呗，可他一点都"不安生"，总想着怎么去给老百姓看病。

当时的长沙属于"烟瘴之地"，疾病高发，瘟疫横行，老百姓病死无数，张仲景看在眼里，急在心里。可他是有劲使不上啊！

在那个封建年代，有官场礼俗，政府官员是不能随便进出民宅、接近百姓的。张仲景心急如焚，这可怎么办呢？

"不让我去老百姓家，还不让他们来官府吗？"张仲景想了一个办法，每月的初一和十五这两天，他不处理政务，而是大开衙门，让有病的老百姓到大堂上来。他则端坐堂上，为百姓诊治疾病。

太守老爷坐堂看病，立即在当地引起轰动，百姓们闻讯而至，无不感激，都亲切地称张仲景为"坐堂医生"。现在，那些坐在医馆和药店里看病的医生，我们依然称之为"坐堂医"，就是为了纪念张仲景的这一义举。

病人实在太多，怎么也看不完。每次坐堂看病，张仲景只好提前做足功课，按照时令疾病的治疗，调配好一包包方药，现场赠送百姓；同时在大堂前支起大锅，煎制预防瘟疫的药汤，供老百姓服用。

后来，张仲景回家乡南阳，沿途见到许多乡亲因为冬日里无衣御寒，把耳朵都冻烂了，心里十分难受。回到老家，他在南阳东关的空地上搭了个棚子，就像当年在长沙衙门口那样，支上几口大锅，煮了起来。

张仲景这回煮的既不是汤药，也不是救济灾民的粥饭，而是一种奇怪的"小东西"。他先把羊肉和一些祛寒的药物

放在锅里，煮熟以后捞出来切碎，用面皮包成耳朵的样子，再下锅，用原汤将包好馅料的面皮煮熟。

这"小东西"样子像耳朵，吃了之后能防止耳朵冻烂，张仲景给它取名叫"娇耳"；锅里的汤喝了能祛除风寒，又取名叫"祛寒娇耳汤"。

开始分发那天是冬至，求药的百姓每人一碗汤，两个"娇耳"，人们吃了"娇耳"，喝了汤，浑身发暖，两耳生热，就再也不会冻伤耳朵了。

就这样，年复一年，日复一日，张仲景也慢慢老了，就对子孙们说："喝过湘江水，不忘长沙父老情；生于南阳地，不忘家乡养育恩。我死以后，你们就抬着我的棺材从南阳往长沙走，灵绳在什么地方断了，就把我埋葬在那里好了。"

后来，张仲景驾鹤西去，那天也是冬至。

张仲景出殡那天，老百姓从四面八方赶来，送葬的队伍前不见头，后不见尾，当灵柩走到当年煮制"祛寒娇耳汤"的地方，棺绳忽然断了。

按照张仲景的遗愿，大家就地打墓、下棺、填坟。老百姓们你一挑、我一担，川流不息，把张仲景的坟垒得高高的、大大的，还在坟前为他修了一座庙，就是现在的医圣祠。

后来，为了纪念张仲景，许多地方形成了风俗，冬至吃饺子，一冬不冻耳。

名医名片

张仲景，名机，字仲景，南阳涅阳县（治今河南邓州市东北）人。东汉末年著名医学家，被后人尊称为"医圣"。

张仲景广泛收集医方，写出了传世巨著《伤寒杂病论》。书中全面阐述了中医的理论和治病原则，是我国最早的理论联系实际的临床诊疗专书。他确立的"六经辨证"的治疗原则，千百年来一直有效地指导着中医临床。《伤寒杂病论》与《黄帝内经》《难经》《神农本草经》并列为中医药学四大经典著作。

脑洞大开

1. 张仲景被后人尊称为"医圣"，他的传世巨著是什么？
2. 张仲景确立的什么治疗原则一直沿用至今？
3. 冬至吃饺子的习俗是怎么来的？

学以致用

"桔梗甘草茶"治疗嗓子哑

老师无私地为我们传授知识,非常辛苦。如果老师嗓子哑了,喉咙痛了,你有什么好办法吗?

给老师配上一杯"桔梗甘草茶"吧!

"桔梗甘草茶"源自张仲景的名方"桔梗甘草汤",是古代治疗咽喉疾病的专用方,对咽喉疼痛和干涩有非常好的缓解作用。

● **配方**:桔梗3克,炙甘草6克。
● **制作**:将上述两味药材,用开水冲泡,焖5—10分钟后即可饮用。

辑二　一草一木都是药

「安身之本，必资于食；救疾之速，必凭于药。」

中药，是大自然给予我们的恩赐。

从生存到疗疾，中华民族繁衍生息受益于中药。

从治病到救荒，中华文明长盛不衰离不开百草。

土里长的、水里生的，眼里看到的、口里品尝的，处处皆有药，万物皆入药。

一草一木都是药，饱含着古代先贤的智慧，凝聚着中华文明的结晶。

扫码听故事

葛洪青蒿驱瘟疫

2015年10月5日，中国女科学家屠呦呦因其在疟疾治疗研究中取得的成就——研制成了青蒿素，获得了诺贝尔生理学或医学奖，成为第一位获得诺贝尔科学奖项的中国本土科学家。

屠呦呦在获奖后说，她的灵感来自东晋医家葛洪所著的《肘后备急方》一书。

葛洪是谁？《肘后备急方》是一本什么样的书？青蒿治疗疟疾又是怎么被发现的呢？

这还要从一千七百多年前的晋代说起。

有一年夏天，就在岭南的老百姓正忙于耕作的时候，疟疾这种可怕的疾病又一次悄然来袭了。

罗浮山脚下的一个村子里，大量村民出现了"打摆子"的症状，就是身上感觉忽冷忽热，一会儿冷得像掉进了冰窟，浑身打战，一会儿又热得像坐进了蒸笼，大汗淋漓，反反复复，无休无止。

这已经不是这个地方第一次出现这种病了，多年前它便开始肆虐，而且每每在夏季来袭，耽误农耕不说，严重时还会夺走人的性命，但无奈的是，一直没有有效的治疗方法。

此时，名医葛洪和他的妻子鲍姑正暂居在这个村子，如何治好村民的疟疾病，成了他们面临的首要问题。两人寻遍周围的崇山峻岭，终于得到了一个偏方。

这一天，葛洪、鲍姑夫妻二人带着几个弟子和村民采药归来。

看着满满的几篓青色药草，葛洪欣慰地说："大家辛苦了，今天收获颇丰，咱们得赶紧把汁榨出来，确保病患都能在午饭前喝上。"

弟子们听了，赶紧忙碌起来。鲍姑也拿过一篓药草，开始清洗。

葛洪看向自己的妻子，眼中充满了赞许："多亏了夫人在崇山峻岭中寻医访药，才能得到这个有效的偏方，不然这疟疾横行，百姓得受多少苦啊！"

鲍姑俏皮地回答说："我寻访到的，不过是老百姓嚼食青蒿治病的土办法，榨鲜汁来治疟疾可是夫君你的主意。不仅增强了药效，也方便掌握剂量，怎么反过来谢我呢？"

这时，葛洪的大弟子却突然愁眉苦脸地走了过来："师父，我和师弟们尽力了，但榨的汁还是不够村里的病人用。而且您看，还有这么多青蒿已经用水浸好了，却来不及榨，这该怎么办啊？"

人手不够，青蒿汁难榨，这确实是个问题。

葛洪陷入了沉思，他的余光不经意地扫过河边，只见一个妇人正费力地拧着洗好的衣服，忽然他灵机一动，计上心来。

他从盆子里拿起一把浸好的青蒿，双手握住用力一拧，绿色的汁水立刻流了下来，鲍姑赶紧拿碗接住。

"看，这一把青蒿绞出的汁，刚好是一人一次的量！"鲍姑欣喜地说。

"对呀！用手绞汁比用舂（chōng）桶快多了。"弟子们见了，纷纷效仿起来。

随后，葛洪又把患病村民的家人都叫来，教大家学会了这种"徒手绞汁法"。没过多久，全村的病患都喝上了青蒿汁，疟疾病很快就控制住了。

葛洪兴奋地对鲍姑说："夫人，《肘后备急方》青蒿治疟疾一节，看来又要修改了！"

鲍姑莞尔一笑："此药有效，此法易行，这不正合了夫君想为医者提供应急的简便方法，想让民众学会自救自疗的初衷吗？"

于是，现在我们看到的《肘后备急方·治寒热诸疟方》中便有了"青蒿一握，以水二升渍，绞取汁，尽服之"的记述。

名医名片

葛洪（约281—341），字稚川，自号抱朴子，丹阳句容（今属江苏）人，是晋代著名医药家、道教养生家和炼丹家。

葛洪一生著述颇丰，流传至今的主要是《抱朴子内篇》《肘后备急方》。《肘后备急方》是第一部急救医学专著，开创了多项"世界医学史之最"：最早提出"疠气"的概念，最早记载了恙虫病、天花、结核病等传染病和狂犬病的病因、病机、症状和疗法。后世国内外的很多关于传染病的研究，都借鉴了葛洪的经验。

脑洞大开

1. 第一部急救医学的专著是什么？

2. 中国第一位获得诺贝尔生理学或医学奖的本土科学家是谁？

3. 葛洪治疗疟疾主要使用了哪种植物？

学以致用

吃山楂治食积

有些同学爱吃肉,如果吃得太多,容易引起食积,出现食欲减退,严重时会引起腹胀、便秘、发烧等。

有什么简便的办法预防和治疗食积呢?

1. 吃生山楂:食积不严重时,可以每天吃几颗生山楂,一般效果都不错。

2. 喝山楂粥:选用山楂50克、粳米100克,将山楂放入砂锅里加水煎出浓汁,去渣,然后加入粳米,小火熬煮成粥即可。喝山楂粥可以健脾胃、消食积,还可以散瘀血(注意孕妇慎食)。

3. 吃山楂冰糖葫芦:平时胃口不好的时候,可以吃一串用山楂做的冰糖葫芦,也会起到健胃消食的效果。

同学们,记着把这些简单易行的方法告诉爸爸妈妈,当个家庭小医生哦!

扫码听故事

思邈巧遇"姐妹花"

浙江衢州有一座大山,名叫"药王山"。《义勇军进行曲》的词作者田汉游历此山时曾写下过"岩上宫墙下戏场,山南山北柏枝香。千金方使万人活,箫鼓年年拜药王"的诗句。

诗里的药王指的便是名医孙思邈。

孙思邈是我国医学史上最高寿的医家之一,活了一百多岁。他自幼聪明,因为自己体弱多病而开始学医,并且很快有所成就。

唐太宗年间,太宗皇帝生了病,宫中的太医们绞尽脑汁,换了无数种汤药,但效果却总是不好。无奈之下,唐太宗决定求助于民间名医,于是传旨让孙思邈进宫为自己诊治。

那时,孙思邈已经是一个远近闻名的大郎中了,他对自己也很有信心。然而,出乎所有人意料的是,曾经治愈病人无数的他,这次居然失手了!

孙思邈来到皇宫,一番望闻问切后,很快就开出了药方,可唐太宗服下后,病却不见起色,接着又服一剂,仍不见效。唐太宗是个开明的皇帝,并没有责怪孙思邈,只是让他回家去了。

药怎么会无效呢？

孙思邈心中十分困惑，同时也为自己的学艺不精感到愧疚。于是，他决定到祖国各地走走，顺便寻医问药。他曾经听人说起过江南衢州有一座药王山，盛产各种药材，当地百姓人人懂药。他想，在那里或许能够找到治好太宗皇帝的药。

于是，孙思邈跋山涉水来到了衢州。

有一天，他走到了药王山深处的一个村子，又累又渴，就向当地山民讨水喝。这户山民家里只有姐妹两人，靠采药卖药为生。她们对远道而来的客人很热情，姐姐用黄色花为他冲了一碗金花茶，妹妹用白色花为他冲了一碗银花茶。

孙思邈每样茶都喝了一口，十分清凉解渴，就说："这两种花都可以入药。"

姐妹两人听罢，咯咯咯地笑了起来。

姐姐解释说："这两种花是同一种药，刚开时白色，盛开时变黄，它叫金银花。莫说你，就连孙思邈也不认得呢。听说前不久他在皇上面前丢尽了面子，就是因为他不认识假药的缘故呀！"

"假药？"孙思邈不明白姐姐的意思，便问道，"这假药是怎么一回事呢？"

姐姐回答说："我们采药翻山越岭，非常辛苦也非常危险；进城卖药时，那些宫内的太监却把我们的药全都拿走，只给

一点点钱。我们气不过,就用假药骗他们,所以就连孙思邈也治不好皇帝的病了。"

孙思邈听罢,恍然大悟,马上"亮明"自己的身份,并且拜两位姑娘为师,跟她们学习采药、制药,了解药性。

一个月后,孙思邈将新鲜的药草带回长安,再次为太宗皇帝诊治。这回,只用一剂药就把病给治好了!

在看病的同时,孙思邈还向唐太宗讲述了卖药人的辛苦。唐太宗从善如流,听从了他的建议,责令太监公平买卖,不得欺负百姓。

孙思邈一生都不愿意当官。唐朝的皇帝多次要授予他爵位、官职,都被他谢绝了,他更愿意在民间为老百姓看病。

晚年时,孙思邈隐居终南山,以毕生精力撰写完成了医药学著作《千金要方》和《千金翼方》,其中的"大医精诚篇"更是被后世医家尊奉为医德典范。

孙思邈也因为其对医药学的巨大贡献而被后人尊称为"药王"。

名医名片

孙思邈（581—682），京兆华原（今陕西铜川市耀州区）人,唐代医学家,生年百岁有余,为历代医家之冠。

孙思邈在药物学和方剂学两个方面都做出了卓越贡献,被人们尊称为"药王"。所著《千金要方》《千金翼方》包罗万象、晖丽万有,集唐之前医药之大成,开唐以后一代医风,是医药学方面的不朽力作。孙思邈尚有《老子注》《庄子注》《千金月令》《千金髓方》等多部著作。

脑洞大开

1. 后人对孙思邈的尊称是什么？
2. 孙思邈的著作中,哪一篇被誉为医德典范？
3. 金银花为什么又被称为"姐妹花"？

学以致用

观察记录金银花的"金银变幻"

初夏,连下了几日的雨水暂且停歇,灌木丛里的忍冬迫不及待地冒头,它们的花期到了。只见枝蔓间,对对"双花"从左右叶腋间翘出,金银雅洁、香气清远,蕊丝纤动时如鹭鸟引颈鸣唱,难怪除却"金银花",忍冬还有"鹭鸶花"之别名。

乘着这个时节,锁定其中一对,从蕾期开始观察,你会发现这"金""银"变色只在一日之间,花朵也真如"鹭鸶"般舞动。

第一步:确定时间(5月1日—20日)

第二步:观察记录金银花的变化过程(蕾期—初花—盛花—凋落)

第三步:品尝金银花

第四步:完成观察报告(图文并茂),可以制成标本或视频记录

第五步:提交报告

扫码听故事

怀隐偶知浮小麦

北宋太平兴国年间的一天，开封府的药材商张大户看着自己院子里晒的小麦，抚摸着胸口，他一会儿摇头，一会儿微笑，嘴里不停念叨着："怪事，怪事。"

到底是什么怪事，让张大户如此又惊又喜呢？

惊，是因为他上次给京城名医王怀隐先生送药材，因为一时贪小利，把淘麦子时漂浮在水面上的瘪麦子连同好麦子一起送了过去，而且还被王先生发现了！

喜，是因为王先生不仅没有追究他的责任，反而还要他以后把瘪麦子分出来后，另送过去！

长成的小麦是药材，这大家都知道，可王先生要瘪麦子做什么呢？

这答案的谜底，还得从半个月前说起。

这天，王怀隐查看院中晾晒的中药材时，无意中发现小麦里混有大量又瘦又空的瘪粒，他十分生气，便打算让店伙计给送货的张大户退货。

王怀隐还没来得及吩咐，一个男人就扭着他的妻子，两人连拉带扯地冲进门来。

"先生，她近来脾气大得很，常发无名火，还一会儿哭一会笑的，有时候还打人砸东西，实在怕人，您快给看看吧！"男人急切地说。

王怀隐听闻，急忙察色按脉问病情，而后捋着胡须说道："你先不要慌张，她这是妇人脏躁证，我开上几剂药，吃吃就好了。"

说完，王怀隐提笔，开出甘草、小麦、大枣三味药。

那男人听说吃几剂药就能好，不觉松了口气。可等他带着药包走到门口的时候，突然又折回来了。

"先生，我差点儿忘了，她还夜间出汗，一睡着就出，出可多了，醒了反倒不出了，这没事吧？"

王怀隐说："先治好脏躁证，再来调理。"

男人点点头，带着妻子离开了。

五天之后，那男人又带着妻子来找王怀隐，这次两人有说有笑的，恩爱得不得了。

男人乐滋滋地拜谢说："先生您真是药到病除啊，真不愧为名医呀！"

王怀隐笑笑，正要问诊病人夜间盗汗的事情，却听那男人接着说："这不仅疯病好了，夜里也不出汗了，您真是神哪！"

什么？盗汗治好了？甘麦大枣汤还能治盗汗？医书中没

有记载啊！王怀隐心中犯起了嘀咕。

送走了夫妻二人之后，王怀隐开始有意地用这个方子来治疗其他患者的夜间盗汗。可后来试了几次，并没有什么效果，这是为什么呢？

有一天，王怀隐正在书房中苦思冥想，突然听到屋外传来了一阵争吵声，原来是店里的伙计正在同来送货的张大户争论瘪麦子的事。

瘪麦子？对！就是瘪麦子！

王怀隐心中一亮，一个全新的想法浮出了水面。他赶紧走过去，告诉一脸羞愧的张大户，上回以次充好的事情就不追究了，但以后送药过来时，要把好麦子和瘪麦子分开，两个我都要！

从那以后，王怀隐开始尝试用浮小麦治疗盗汗，果然屡试不爽，他由此认识了浮小麦的功效，并在日后编写《太平圣惠方》时将这味药载入书中。

名医名片

王怀隐,宋代著名医家,宋州睢阳(今河南商丘南)人。

太平兴国年间,宋太宗下诏翰林医官院各献家传验方,共得方万余首,命王怀隐等4人校勘编类,成书100卷,名为《太平圣惠方》。

王怀隐主持编著的《太平圣惠方》,强调医生治疗疾病必须辨明阴阳、虚实、寒热、表里,务使方随证设,药随方施,并论述了病因病机、证候与方剂药物的关系。这本书既是各家验方的汇编,又是一部综合性的医学巨著,对文献研究和中医临床实践均有重要价值。

脑洞大开

1. 王怀隐主持编著的医学著作叫什么?
2. 瘪小麦为什么叫"浮小麦"?它有什么用?

学以致用

学做甘麦大枣茶

妈妈平时工作辛苦,又要操心自己的学习,容易心情浮躁、发脾气,这对身体很不好。怎样才能让妈妈有个平稳的好心情呢?

甘麦大枣茶就是一款不错的茶饮,它源自张仲景的名方"甘麦大枣汤",有养心神、益脾气的作用,对妈妈们非常友好。

● 配方:小麦30克,大枣10枚,甘草6克。

● 制作:1.将甘草、小麦、大枣洗去浮灰,加入足量的水放入锅中煎煮

2.待煎煮完全的时候,滤去其中的渣滓,取其汁饮用即可。

同学们,快为妈妈煮上一杯吧!

宋慈验汤洗冤屈

口说无凭,眼见为实。

宋朝就有一个断案奇人,注重检验、重视证据,侦破了许多大案要案,洗清了许多冤案错案,非常厉害!

这个人就是法医宋慈,他也是"法医鉴定学"的奠基人!

南宋绍定四年,宋慈奉旨赴福建长汀做知县。谁知刚到任上,他就碰上了一桩古怪的案子!

当时正值秋天,处决死刑犯的大期将至。对定案的卷宗,宋慈进行逐一核批,当他翻开"吴姑杀夫案"卷宗的时候,手中的朱笔却突然停了下来,他感觉这个案子有问题,疑点和漏洞实在是太多了!

这是一桩杀人案,妻子谋杀丈夫。被告人吴姑已被前任知县判了死刑,只等秋后处决。但卷宗中只记录了吴姑以毒鱼汤杀夫,可用的是什么毒药、毒药从何而来,这些都没有详细记录。

宋慈认为"狱事莫重于大辟,大辟莫重于初情,初情莫重于检验",证据未经仔细检验,还不那么充分,怎么可以草草结案呢?

毕竟是人命关天！宋慈坐不住了，亲自前往狱中，对吴姑进行了详细的重新审问。仔仔细细问罢案发经过后，宋慈又去吴姑的家中勘察了一番。

此时，宋慈已然心明如镜，当即决定：来年再审！

新任县令缓了吴姑的死刑，吴姑的婆婆不答应了，便跑到衙门吵闹不休，认为宋慈断案不公，草菅人命，包庇凶手，必须还自己儿子一个公道。

宋慈安慰她说："老人家你先别急，明年春天我将当众复审此案，一定给你公道！"

来年初春时节，宋慈如期重审此案，还把审案的地点选在了吴姑家的小院。

此时，院中的一棵荆树正在扬花。春风吹来，紫色的花瓣随风摇落，洒在院中和树下的小桌上。

宋慈在桌旁坐下，被告吴姑站在一旁，吴姑的婆婆站在另一旁。听说县太爷当众复审轰动一时的"吴姑杀夫案"，左邻右舍也纷纷挤过来凑热闹，看看新县令怎么判。

堂审开始，宋慈让吴姑复述案情。

吴姑陈述道："去年此时，我的夫君一早去田里干活，让我做好中午饭给他送去。我见他辛苦，便熬了鱼汤，熬好后，就放在这张桌子上凉着。后来我盛了米饭，便和鱼汤一起装进篮子，送到地里去了。"

吴姑擦了擦眼泪，又接着说："谁知，夫君吃下不大一会儿，就大叫肚子疼，满地打起滚来。等我喊人来看的时候，他已经口吐白沫，不省人事了……"

吴姑一个劲地抽泣，再也说不下去了。

"那你吃了鱼汤米饭吗？"宋慈问道。

"民妇也吃了，可没有什么不对的啊！"吴姑说着，便又落下泪来。

听完吴姑的哭诉，宋慈便唤过身旁的衙役，买来一条鲜鱼，让吴姑按照当时的做法，当场再做一碗鱼汤。

鱼汤做好后，当着众人的面，宋慈自己先喝了小半碗。随后，他将余下的半碗鱼汤放在小桌上，让一名衙役摇动身后的荆树。那衙役轻轻一摇，荆花瓣便纷纷落下，其中几朵恰好落在鱼汤中。

宋慈用筷子搅了搅，把碗放在地上，吩咐衙役牵来一条狗，令其把剩下的鱼汤喝掉。只见那狗喝完鱼汤不久，便狂吠乱跳起来，不一会儿就口吐白沫，倒地毙命了。

围观的百姓见了，个个目瞪口呆。

"这鱼汤我喝了，没有一点事，说明鱼汤没有毒！"宋慈说，"可狗喝了鱼汤却中毒而亡，说明鱼汤又有毒！"

宋慈接着说："相信大家都看清楚了，鱼汤本来没有毒，但落入了荆花才变得有毒，吴姑丈夫的死因就在这里了！"

说罢，宋慈当场宣布，此案系误食中毒，吴姑没有谋杀丈夫，无罪释放。

吴姑沉冤得雪，跪地千恩万谢。

众人无不心服口服，交口传颂！

名医名片

宋慈（1186—1249），字惠父，建阳（今属福建南平）人，南宋著名法医学家，开创了"法医鉴定学"，被尊为世界法医学鼻祖。

宋慈的《洗冤集录》不仅是中国，也是世界第一部法医学专著，该书被译成朝、日、英、法、德、荷等多国文字，在世界范围内广泛流传。

《洗冤集录》是宋慈一生经验、思想的结晶，自问世以来，便成为历代刑狱官案头必备的参考书，至今依旧是法医的必读之书。

脑洞大开

1. 宋慈是南宋著名法医学家，他的哪部作品是世界第一部法医学专著？

2. 你觉得法医和普通医生有什么不同？

学以致用

正确认识食物"相克"

"克"代表着制约,食物之间的"相克",多与食物本身寒、热、温、凉的属性相关。

食物的"相克"具有相对性,对一些人来说是"禁忌",对大多数人来说是"不宜",但若利用好了,也可成为"福音"。

比如,螃蟹是寒性的,柿子也是寒性的。两者相配,身强体壮的人吃了可能没问题,肠胃虚弱的人吃了就容易腹泻、呕吐。

同样,螃蟹和生海鲜是寒性的,姜汁和芥末是辛温的,吃螃蟹时蘸姜汁、生吃海鲜时蘸芥末,正向利用"食物相克",就能保护肠胃少受伤害。

海鲜加冰镇啤酒能不能吃?

正常人可以吃,但是不宜长期多吃,患有痛风的人则不能吃,因为寒上加寒的食物会导致痛风的发作。

因此,日常饮食,不仅要考虑营养均衡,还要考虑自身情况,谨慎搭配。

同学们,这些知识很重要,一定要记住哦!

名医故事

朱橚本草救饥荒

在今天的河南省禹州市无梁镇有一座王墓,这里面沉睡着明朝周定王朱橚(sù)。朱橚是一位与众不同的王爷,他出身衣食无忧的皇室,却成了享誉中外的救荒专家。

这是怎么回事呢?一切还要从他的父亲朱元璋说起。

1368年,草莽出身的朱元璋在今南京建立明朝,一方面,他要继续剿灭元朝残余势力,另一方面,他大刀阔斧地进行了一系列改革。

朱元璋认为,只有依靠宗亲力量才能达到巩固皇权的目的,于是先后把自己的二十几个儿子封为亲王,每人管辖一方。

朱橚从小聪慧,但身体不好,是个"药罐子",因此在分封中受到了特别照顾,被封为"吴王",领地是富甲天下的江浙一带。

兄弟们都羡慕他,但朱橚却出人意料地说:"这哪是我的所愿?"

朱元璋听后觉得奇怪,认为朱橚脑子出毛病了,就问他:"那你的愿望是什么呢?"

朱橚说:"父皇,儿子从小就是个药罐子,知道生病的痛苦,吃了一肚子药,也装了一肚子医药知识,去流民多、灾荒多的地方,这些知识才有用武之地呀!"

于是,朱橚被改封为周王,藩国在如今的河南开封一带。

那时候的河南可不像现在这么太平,黄河时常泛滥。虽然朱元璋大力实施移民垦荒政策,人们也都勤勤恳恳地耕种,但明朝初建,水患频繁,国库空虚,没有能力大规模治理黄河,人民依然生活在水深火热中。

朱橚到任后,黄河依旧几无宁日,水灾过后的瘟疫、饥荒让无数百姓流离失所、家破人亡。

民以食为天,灾民们最缺的还是吃的。青黄不接的时候,人们为了填饱肚子,经常到田野里采食野果野菜。当时的人们对野生植物缺乏了解,误食而中毒的事故频发。

这该怎么办呢?

朱橚就想:老百姓在采摘野果野菜时,如果知道哪些吃着安全、哪些有毒就好了;万一吃了有毒的,能够及时解毒那该多好啊!

办法只有一个,编书!编写一本图文并茂的书,让老百姓一看就能明白的书。

说干就干!

朱橚就带人深入灾区,指导防疫和救荒,观察研究可以食用的野生植物。对于每一种老百姓认为安全可食的植物,朱橚都会亲自品尝，加以验证。

朱橚还索性将王府的花圃改造成了野生植物园，拔掉那些用于观赏的花花草草，种上能食用的野菜野果，悉心浇灌，认真培育，每天还要对这些野生植物的生长情况进行观察和记录。

为了更直观、更清晰地辨识可以食用的植物，让老百姓能够在灾荒时期救命，朱橚将每一种植物的叶片、花朵、果实、枝干都画成图，每张图的背后还详细记载了植物的学名、生长环境、毒性、味道以及烹饪方法，最终著成了《救荒本草》一书。

《救荒本草》是我国最早的一部以救荒为目的的植物学专著，记录了414种食之无害的植物。医学家李时珍写《本草纲目》时，《救荒本草》是重要参考；科学家徐光启在编修《农政全书》时，将《救荒本草》全文收录其中；此书后来又被传到日本、俄国、美国和欧洲，受到了广泛关注和高度评价。

名医名片

朱橚（1361—1425），南直隶应天府上元县（今江苏省南京市）人，医学家、植物学家和文学家，明太祖朱元璋第五个儿子。

朱橚自幼喜爱医学，著作有《保生余录》《袖珍方》《普济方》《救荒本草》，对我国医药事业的发展做出了巨大的贡献。其中，《救荒本草》一书不仅在我国广泛流传，而且享誉世界。《救荒本草》中使用的植物分类方法，比欧洲各国公认的植物分类学肇始——瑞典学者林奈的"双命名法"，早了足足150年。

脑洞大开

1. 朱橚著作很多，影响最大的是哪一本？
2. 说一说你喜欢吃的野菜有哪些。

学学蒸槐花

很多野菜,我们现在看来都是美味,但是在六七百年前,我们的祖先中,有很多人因为吃"野菜"而中毒,甚至死亡。原因就是当时大家并不确切知道哪一种是真正可以食用的,哪一种是有毒的。直到有了朱橚的《救荒本草》,大家才知道有414种野生植物是可以安全食用的,其中就包括了槐花。

槐花是一味药食同源的野菜,有清肝泻火、凉血止血的功效。蒸槐花是一道制作简便又十分美味的菜肴,我们一起来学习一下吧!

原料:槐树花150g、玉米面150g,盐1小勺、胡椒粉1小勺、香油少许。

做法:1.将槐树花择洗干净,沥去多余的水分。

2.玉米面撒在槐花上,拌匀。

3.笼屉铺上干笼布,把拌好的槐花均匀地铺上。

4.锅内烧开水,上锅蒸15分钟,取出,凉凉,打散。

5.锅内烧热油,下拌散的槐花炒1分钟,倒入盐、胡椒粉搅匀。

6.蒜捣碎,小葱切碎,加醋,香油,少许盐拌匀,吃的时候浇在蒸槐花上即可。

扫码听故事

时珍苔藓解蜂毒

李时珍是我国明代著名的医药学家,他的著作《本草纲目》是中医药宝库中最璀璨的明珠之一。在编写《本草纲目》的过程中,李时珍历经了无数的艰险,也遇到了很多有趣的事情。

一个盛夏的黄昏,李时珍从山上采药回来,觉得有些累,便在路边的一棵树下停下来,准备休息一会儿。

大树花繁叶茂,纵横交错的枝丫间有一张硕大的蜘蛛网,一只肚子圆滚滚的大蜘蛛正盘踞在网的中央,像一个布下陷阱的猎人,等待着它的猎物。

正在这时,一只大黄蜂"嗡嗡嗡"地飞了过来,或许是树叶间的花朵太过香甜,它完全没有注意到眼前的危险,径直地朝枝叶深处飞去。

蜘蛛网猛地一震,大黄蜂的"嗡嗡"声戛然而止。它的翅膀全都被粘在网上,像被五花大绑,动弹不得,只剩下肚子还在一起一伏地拼命挣扎。

大蜘蛛见猎物落网,喜滋滋地爬了过去,试图把大黄蜂捆得更紧。

那大黄蜂眼看缠在自己身上的蛛丝越来越多,知道挣扎无望了，但也不肯坐以待毙，便铆足了劲儿竖起尾针，迎着蜘蛛就刺了过去。

这是大黄蜂最后的反击，蜇完后，它就奄奄一息，很快一动不动了，而被刺中的大蜘蛛元气大伤，也没有力气继续收拾黄蜂了，它急匆匆地顺着一根游丝落到了地面。

蜘蛛和黄蜂的这场大战，被一旁休息的李时珍尽收眼底。看到大蜘蛛离开了蛛网，李时珍心想，它被蜇了一下，应该是中毒了，估计也活不了多久。

想到这儿，李时珍也不休息了，想看个究竟，起身继续跟着蜘蛛观察。只见那蜘蛛跌跌撞撞地爬到不远处的一片青苔上，然后打起滚来。

蜘蛛在青苔上滚来滚去，不停地摩擦、摩擦，直到把那块儿青苔蹭出了一个小凹坑。

奇怪的是，蜘蛛经过这一折腾，竟然满血复活了，精神抖擞地顺着原路爬回了自己的网中，开始美滋滋地享用起大黄蜂美餐来。

莫非苔藓能解蜂毒？李时珍脑中灵光一闪。

古人学医和我们现在有很大不同，知识并不是来源于实验室，而是来自对生活、对自然的观察和思考。

没过几天，李时珍邻居家的小孩儿上树掏马蜂窝，被大马蜂蜇了，整个脸肿得像个馒头，眼睛都睁不开，疼得哇哇大哭。

小孩儿被大人领着来找李时珍。问清了缘由后,李时珍赶紧去找了一大块苔藓,捣碎之后给小孩儿糊在马蜂蜇过的地方。结果不到一个时辰,奇迹就出现了,小孩儿感觉不怎么疼了,肿胀也减轻了。

又过了几天,有人来找李时珍求救,说父亲上山砍柴,被蝎子蜇了脚,整个小腿都肿了。李时珍触类旁通,觉得能解蜂毒的苔藓或许也可以解蝎毒,于是就又找了一块苔藓,捣碎后敷在了病人的腿上。果然,没过多久,病人小腿的肿痛便明显缓解了。

后来,李时珍就把苔藓能解蜂毒、蝎毒的功效记录在《本草纲目》之中了。

名医名片

李时珍(1518—1593),字东璧,晚年自号濒湖山人,蕲州(治今湖北蕲春)人,明代著名医药学家,被后世尊为"药圣"。

李时珍历经27个寒暑,完成了192万字的巨著《本草纲目》,不仅为中国药物学的发展做出了重大贡献,而且对世界医药学、植物学、动物学、矿物学、化学的发展也产生了深远影响。书中首创了按药物自然属性逐级分类的纲目体系,比现代植物分类学创始人林奈的《自然系统》早了一个半世纪,被誉为"东方医药巨典"。2011年5月,金陵版《本草纲目》入选《世界记忆名录》。

脑洞大开

1. 李时珍为什么被后人尊称为"药圣"?
2. 《本草纲目》是一本什么样的书?
3. 你认为李时珍能写成《本草纲目》的理由是什么?(至少说出两条)

被蜂蜇伤该怎么办？

在我们和大自然亲密接触的时候，不可避免地会遇到一些小昆虫，比如蜜蜂、黄蜂等蜂类。如果不小心被蜇伤了，我们该怎么办呢？

首先，如果没有出现全身症状，只是被蜇部位出现了红肿、瘙痒、疼痛表现，我们可以用肥皂水浸透纱布湿敷被蜇部位，湿敷二三十分钟即可，然后涂抹莫匹罗星软膏或如意金黄膏。

如果出现了全身过敏反应，比如胸闷、呼吸困难、全身瘙痒等症状，要尽快去医院皮肤科或急诊治疗。

需要特别注意的是，千万不要用热水烫洗伤口，以免加重过敏反应，或者引起细菌感染，同时，治疗期间禁食辛辣刺激性食物。

辑三　不可思议的疗效

『病无常形，医无常方，药无常品。』

疾病本身复杂多变，治疗手段也千变万化。

杏林高手，常常胸中有方，往往心中有剑。

采一把草，能药到病除；施一根针，可妙手回春。

疑难杂症，能应手而愈；命悬一线，可转危为安。

中医药历经沧桑，经久不衰，根本原因就是疗效。

疗效是中医药的生命线，疗效是中医药的生命力！

扫码听故事

鲍姑红艾祛疣瘤

晋代的广州南海郡，人们时常会看到一位身着青色道服的女子，她身背药篓，踏遍青山，寻找百药，救治百姓。她就是晋代著名的女灸学家——鲍姑。

鲍姑擅长用艾灸的方法治疗各种赘瘤，在罗浮山脚留下了无数美丽的故事。

有一天，鲍姑像往常一样前往苹花溪畔采苹（一种可以食用的水草），远远就瞧见一个穿着黑衣的姑娘站在水边，望着河水发呆。那个姑娘戴着黑色的面纱，露在外面的一双大眼睛里透着浓浓的忧伤。

突然间，那姑娘脱下了鞋子，踩着脚下的石子，一步一步朝着河的中心走去。河水渐渐地漫过了她的脚踝，膝盖，腰部，即将淹没她的胸口。

鲍姑见势不妙，急忙跑了过去，一把拉住了那姑娘的手臂。

那姑娘完全没想到周围还有其他人，大惊之下，脚底一滑，淹进了水里。

鲍姑又拉又拽，费了九牛二虎之力，终于将那姑娘拖回了岸边。可接下来，等待她的却不是道谢，而是一声声充满哀伤的责问："你为什么要救我？"

在鲍姑困惑的目光中，那姑娘缓缓摘下了面纱。

鹅蛋脸，白皮肤，五官端正，那本应是个十分好看的姑娘，可她鼻旁的面颊处却极不和谐地长了好几个黑色的赘瘤，生生破坏了这美好的容颜。姑娘抽噎着对鲍姑说，因为脸上的这些赘瘤，她被村里人嘲笑，十分痛苦。

听了姑娘的叙述，鲍姑很是同情，她思索片刻，安慰道："我是这罗浮山上的医者，或许我有办法帮助你。"

说完，鲍姑从药囊中取出来了一撮艾草，麻利地搓成艾绒之后用火点燃。她让姑娘枕在自己的膝盖上，闭上眼睛。

时间慢慢过去，红艾在姑娘脸上轻轻熏着，那姑娘只觉得脸上热烘烘的，十分舒服，竟慢慢地睡着了。

不知过了多久，鲍姑温柔的声音唤醒了她。

"姑娘，好啦，你去河水中洗把脸吧！"

黑衣姑娘迷迷糊糊地睁开眼睛，只觉得脸上紧绷绷的，她困惑地走到河边，掬起一捧水，开始洗脸。

神奇的事情发生了。当姑娘的手指抚上面颊，那些被艾绒熏过的赘瘤竟然像墙上风干的泥巴一样，自己掉了下来。

河水的倒影之中，姑娘的面容如同一块无瑕的美玉。

姑娘喜极而泣，跪倒在鲍姑面前，问道："请问恩人大名？"

鲍姑扶起她，微笑着指了指艾叶飘香的罗浮山，回答说："我是鲍姑。"

鲍姑善用罗浮山出产的艾草，她认为用这种艾草治疗疣瘤效果最好，每次只需要艾灸一炷便可生效。因为这种艾草的根是红色的，所以当地百姓都称它为红脚艾，也叫它"鲍姑艾"。

后来，艾灸之术经由这位女灸学家之手，在中华大地上广泛地流传开来。

名医名片

鲍姑，名潜光，中国古代四大女名医（晋代鲍姑、西汉义妁、宋代张小娘子、明代谈允贤）之一，精通灸法，是我国医学史上第一位女灸学家。

鲍姑与葛洪结为夫妻后，共同研究医学和炼丹术。她精通艾灸法，善于医治赘瘤与赘疣等病症，为百姓解除病痛，被尊称为"女仙""鲍仙姑"。她的灸法经验主要记载在葛洪的《肘后备急方》内。

脑洞大开

1. 中国古代四大女名医指的是谁？
2. 故事中的鲍姑用什么方法治好了姑娘脸上的赘瘤？
3. 关于艾草和艾灸，你还知道哪些知识？和小伙伴们一起讨论下吧！

学以致用

制作艾草小标本

艾灸离不开艾叶，艾叶是植物艾草的叶子。

艾草为多年生草本或略成半灌木状。叶厚纸质，完整叶片展平后呈卵状椭圆形，羽状深裂，裂片椭圆状披针形，边缘有不规则的粗锯齿，上表面灰绿色或深黄绿色，有稀疏的柔毛，下表面密生灰白色绒毛。夏季花未开时采摘。气清香，味苦。

艾灸能帮助我们解决很多身体上的问题。

肚子怕冷，平时消化不好，一吃凉东西就拉肚子，突然降温的时候肚子也会不舒服，这些都是脾胃虚寒的表现，都可以通过艾灸肚脐（神阙穴）以及脐旁的中脘穴、天枢穴来改善。

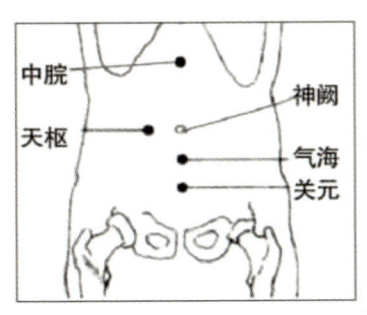

同学们，动动你灵巧的小手，给艾草这种有用的植物，做个标本吧！

张锐妙手活"死人"

自古以来，中医名家辈出，妙手回春的故事数不胜数，起死回生的故事也时有发生。

宋代名医张锐的医案中，就有这样一个"起死回生"的故事。

盛夏的一天，刑部尚书慕容彦逢急召张锐入京，原来呀，是这位尚书大人的母亲得了伤寒病，请了好多医生治疗都效果不佳，老太太危在旦夕。

人命关天，事不宜迟！张锐立即起程赶往京城汴梁。

汴梁就是现在的河南省开封市，张锐家住郑州。如果放在今天，两个城市间也就个把小时的车程，可当时交通极不方便，就算是坐最快的马车，也要一天左右的时间才能到。

因此，当张锐匆匆赶到汴梁，进了慕容府时，看到的却是全府上下忙作一团，屋里哭声一片。

张锐心里一沉，不会吧？他赶紧拉住一个仆人打听情况。不幸的是，他的担心成了事实，慕容老夫人已然病故。

张锐不禁有些自责，虽说已经快马加鞭，但终究还是来晚了。

天气炎热，遗体不宜久留，眼下老夫人即将入殓。

见到慕容彦逢，张锐提出了一个大胆的请求："能不能让我看一眼老夫人啊？"

慕容彦逢很是意外，心想：人既已死，看有何用？甚至怀疑张锐是借故索取诊费，便不耐烦地拒绝道："不必劳烦再看啦！来回的路费，我会全数支付的。"

张锐被噎得一愣，心想：这都哪儿跟哪儿呀？我岂是那种贪图小利的人！

不过，张锐并没有表现出来气愤，只是更加诚恳地说道："在下别无他意，只是这伤寒病人，有死一天一夜而复活的先例，我既已赶到，为何不让我看上一眼呢？"

慕容彦逢见张锐执意要看，也不好再拒绝，便带他来到停放老夫人遗体的房间。

张锐揭开覆盖在老夫人脸上的面纱，仔细察看，又把经常处理遗体的仵作叫过来，问道："你可见过夏天死去的人，脸色这么红润的吗？"

仵作摇了摇头，老实地回答说："没有。"

"老太太的口张开了吗？"

"也没有。"

张锐立刻说道："这就对了！老夫人是因为有汗出不来，热气憋在体内才昏过去的，可能还有救，幸亏没有入殓啊！"

此话一出，在场的所有人都惊呆了，他们面面相觑，将信将疑。

张锐来不及解释，匆忙奔到屋外，拟好处方，让人赶紧抓药，药煎好后，给老夫人慢慢灌了下去。

张锐又交代旁边守护的仆人说："你一定要守在老夫人身边，寸步不离，及时观察反应。如果到半夜时老夫人拉肚子了，就可能活过来了。"说罢，就告辞到府外安歇去了。

到了半夜，守护的人突然听见异常的响动，侧耳一听，原来是老夫人的肚子在咕咕叫。不一会儿就有大便排解出来，弄脏了整张床榻，恶臭难闻。

老太太又活过来了！

慕容府顿时欢天喜地。有仆从跑去敲张锐的门，告知已经应验。张锐说："老夫人已经没有大碍，今天晚上不用再治疗，等明天再用药吧！"

第二天一大清早，慕容彦逢亲自到馆舍看望张锐，店家却说，张锐已经回郑州去了，只留下一张处方，让代为转交。

人救活了，张锐却默默走了。慕容彦逢拿着那张平胃散的处方，愣在那儿好一会儿，是既感动又惭愧。

后来，老太太用了几剂平胃散，很快就痊愈了。

名医名片

张锐，字子刚，蜀人，后徙居郑州（今属河南），宋代著名医学家，曾任太医局教授，常为人治病，效果甚佳，遂声名远著。

张锐著有《鸡峰普济方》30卷，此书综合择录宋朝以前医疗经验而成，涉及内、外、妇、儿各科，共载方3000余个。每列一方，均详述所治病证、药物组成及用法，有方有论，内容翔实。除方药外，书中还载有某些病证的导引、针灸疗法。许多方剂和疗法至今仍在沿用，是一部具有较高实用价值的医方著作。

脑洞大开

1. 救活了病人，张锐为什么悄悄回了郑州？
2. 故事的最后，为什么慕容彦逢既感动又惭愧？

学以致用

清热祛暑酸梅汤

夏季天气炎热，人们容易出现中暑、伤暑的情况，通常表现为头晕、头痛、乏力、大汗、口渴等，严重的可出现面色苍白、皮肤湿冷、晕厥、高热等表现。

预防中暑和伤暑，中医有许多好办法，饮用酸梅汤就是其中之一。酸梅汤有酸甘生津、健脾开胃的功效，最适合夏季消暑饮用。适当饮用酸梅汤，还能让人心情愉悦哦！

配料：乌梅12克、山楂12克、陈皮2克、甘草1克、玫瑰茄2朵、冰糖50克。

制作：1. 将除冰糖外的其余药材，简单冲洗，去掉浮灰。

2. 把洗好的药材和冰糖放入锅中，加入清水。用锅煮可一次性加水3升，用养生壶煮可每次加水1.5升左右煮两次。

3. 浸泡15分钟。

4. 大火烧开后转小火煮10分钟，如用养生壶可用花茶/果茶模式。

5. 煮好后稍凉即可饮用，一天喝不完的话把汤汁倒出来，冰箱保存，注意不要泡着药材过夜，以免影响口感。

同学们，酸梅汤的做法，你学会了吗？快为家人煮上一杯吧！

扫码听故事

景岳巧取腹里钉

这个故事发生在明代。

那时候,胶鞋还没问世,人们雨天外出,穿的是木屐。木屐的底板上,钉有两排蘑菇状的铁钉,直径大约有一厘米左右,这铁钉能起到防滑的作用。

这种设计有个毛病,时间一长,铁钉会松动脱落,就得重新更换。更换下来的铁钉,被磨得光光滑滑的,还带着一只铁尾巴,比今天的大头钉大得多。小孩子见了,感到稀奇,爱拿着玩。

刚刚学会走路的王家小宝,在屋角里拾到了一颗这样的铁钉,拿在手中玩耍,他妈妈看见之后,立即赶过去想夺下来,可小宝不给,一抬手就把铁钉塞进了嘴里。

这可坏事啦,铁钉一下子滑下去了。

爸爸妈妈一起用手指去掏,可怎么也掏不出来。好在名医张景岳的医馆离他们家不远,小宝的爸爸赶紧跑过去求救。

当张景岳急匆匆地来到王家时,看到女主人正倒提着儿子的双脚,试图让铁钉从儿子嘴里滑出。

张景岳立即制止,叫她赶快将孩子抱正。从哇哇的哭声中,张景岳断定，此时铁钉早已被小宝咽下，不在咽喉处了。

男主人焦急地说："才一岁的小孩，肠胃那么小，怎么经受得起那么大的一颗铁钉啊！"但他又明白，此时责怪妻子也是枉然，只有把全部希望寄托在张景岳身上了，因而不停地请求张景岳，一定要想办法救救他的儿子。

张景岳虽然从医多年，可从来没治过这样的病！这下可真是遇到了难题。作为一名医者，肯定不能撒手不管，可仓促之间他也想不出什么好的法子。

于是，他一边安慰王氏夫妇别着急，一边说回家取药，便暂时离开了王家。

张景岳边往回走边思考，怎样才能把小宝吞下去的铁钉取出来呢？可直到进了自己的家门，他也没想出个好办法来。

到家后，张景岳翻开医书，细细查找起来。刚翻了几页，就看到了"铁畏朴硝"四个字，他顿时心中一喜，暗道："有了！"

张景岳马上从药柜上取下活磁石一钱，朴硝二钱，一起研成细末，装在碗里，又加入熟猪油和蜂蜜一起调匀。然后，快步去到王家，让王氏夫妇把调好的东西给小宝喂下去。

加了蜂蜜和猪油的药，又香又甜，不一会儿，小宝就把药吃得精光。

张景岳一直守候在王家，想看看这药的效果是否和自己想的一样，同时也是为了应对可能出现的突发变故。

就这样，一直等到了夜半三更的时候，小宝闹着要解大便，很快拉出来一个像芋头子儿一样光溜溜的东西。张景岳将那东西剖开一看，里面果然包着一颗钉鞋用的蘑菇钉！

王氏夫妇感激不尽，表示要给张景岳重谢。张景岳则说："先不要讲谢我的话，只希望当家长的都要照看好自己的小孩，再也不要发生这样危险的事儿了。"

这事很快就四处传开了。有人问张景岳用药的医理，他毫不隐讳地说："使用的朴硝、磁石、猪油、蜜糖四药，互有联系，缺一不可。朴硝若没有吸铁的磁石就不能吸附在铁钉上；磁石若没有泻下的朴硝就不能一路下行；猪油与蜂蜜主要是润滑肠道，使铁钉更易于排出，蜂蜜还是小儿喜欢吃的甜品。以上四药同功合力，才能裹护着铁钉从肠道中排出来。"

人们听了，都对张景岳竖起了大拇指！

名医名片

张景岳（1563—1640），又名张介宾，字会卿，别号通一子，因善用熟地黄，人称"张熟地"，会稽（今浙江绍兴）人。明代杰出医学家，温补学派的代表人物，也是实际的创始者。

张景岳著有《类经》《类经图翼》《类经附翼》《景岳全书》《质疑录》等中医学经典著作，其学术思想对后世影响很大。其著作《景岳全书》开创了以兵法思考用药的思路，将疾病比作敌人，用方药排兵布阵治疗疾病。

脑洞大开

1. 张景岳开创了一种用药的新思路，是什么呢？

2. 张景岳医治王家小宝用了四味药，这些药各发挥了什么作用？

误吞异物该怎么办？

遇到误吞异物的意外事件，该怎么办呢？这需要根据具体情况区别对待。

1. 不需要催吐的情况：如果是纽扣、电池、弹珠等细小圆钝的物品，不容易在消化道发生反应的，可以任其顺消化道随大便排出。

2. 适合催吐的情况：如果是维生素类的药物、沐浴露、洗发水、牙膏、面霜、粉饼、口红等基本无毒或低毒的化学物品，一般不会发生急性中毒，可先催吐，再就医。

如果是处方药、杀虫剂、清洁剂、除菌剂等相对危险的化学物品，应尽早催吐，并送往医院。吐得越早，越彻底，引起中毒的可能性就越小。即使出现中毒症状也会较轻，对后期的救治有极大的帮助。

3. 需谨慎处理的情况：如果是强酸、强碱等腐蚀性的毒物，千万不要贸然催吐，需立即联系医生，如实告知误服毒物的种类、剂量，保留好所服药物或化学品的包装，根据医生的指导进行处理。如果是钉子、发卡等尖锐物品，不宜催吐，以免在剧烈呕吐过程中刺伤消化道，此时应尽快就医。

催吐方法：用手指或牙刷柄等不尖锐的物品伸入喉咙，反复刺激舌根部，直至呕吐为止。

扫码听故事

喻昌"响豆"治失眠

喻昌,字嘉言,是明末清初的著名医学家。他医术高明,为人幽默,治病方法"不拘一格"。

这天一大清早,天边刚微微发白,喻嘉言就被一阵急促的敲门声给吵醒了。

"谁啊?"

"喻先生,我们是徐三徐四,县太爷叫我们来请您去给他瞧病。"门口两个人回应。

喻嘉言披好衣服,开门一看,只见两位官差手里各拎着一只鸡。这徐三和徐四是兄弟俩,上次他们的老母亲得了眩晕症,就是喻嘉言给治好的,这次通知,他们顺便来答谢。

徐三说:"喻先生,我们真不好意思这么早来打搅您,可是县太爷身体不舒服,让我们来请您,上次麻烦您给我们母亲看病,还没答谢,这两只鸡不成敬意,请您笑纳。"

喻嘉言笑着说道:"这两只老母鸡你们拿回去,还能下蛋给母亲吃,她病刚好,需要调养身体。你们稍等,我收拾一下就跟你们去县衙。"

不一会儿,三人来到了县衙前,喻嘉言问道:"县太爷得的什么病，这么着急？"

徐四赶忙回答道："听师爷说县太爷失眠了，已经连续好多天，估计是因为这事才找您的。"

原来，最近土匪猖獗，朝廷下令各地限时剿匪，他们县周边山里盘踞着一窝土匪。前些天，光天化日之下就把张大户家的儿子给绑架了，要了很多赎金，而朝廷的剿匪令一下，狡猾的土匪又藏得不见了踪影。眼看朝廷给的期限就要到了，县令因为这个事头疼得很，所以连续好几天都无法入睡。

了解到县令的病情后，喻嘉言微微一笑，已经有了主意。

来到县衙，喻嘉言诊完脉之后，就对县令说："您这是思虑过重，心神不安导致的失眠。这个病不难治，但是治这个病的药引子不好找。"

县令说："需要什么您尽管说，只要能治好我的病，找药引不是问题。"

喻嘉言说："这个药引子叫作'响豆'，这响豆只长在红豆树上，外表与红豆一样，没有区别。但是这响豆每到晚上就会'啪'地响一声。这种'响豆'一棵红豆树上只长一颗，所以，您需要把整棵树的红豆采下来，分两包装，放在枕头两侧，等晚上您专心听哪一包有响声。第二天再把有响豆的那一包分成两包，放在枕头两侧继续听，第三天再把有响豆的这一包分成两包，最后就可以找到响豆，这样您的病就有

药可治啦。"

正好县令院子里有一棵红豆树,他急忙让人把树上的红豆都采下来,分成两包,晚上专心听响豆的声音。可奇怪的是,县令大人越听越困,还没来得及听到响声就睡着了。第二天也是如此,第三天也是,就这样,几天下来响豆始终没有找到,但是县令从此再也没有失眠过。

这天徐三见到喻嘉言,内心好奇就问道:"响豆还没有找到,老爷的病就好了,这是怎么回事呢?"

喻嘉言说:"找响豆是我给县太爷开的玩笑,目的就是让他在睡前静下心来,什么都不想,心静了,自然就可以睡着了。"说完之后,两人都哈哈大笑起来。

名医名片

喻昌(1585—1664),字嘉言,明末清初著名医学家,江西新建(今南昌)人,因新建古称西昌,故晚号西昌老人。

喻嘉言生性洒脱,喜好游历。成年后习儒,工举子业,博览群书。虽才高志远,但仕途不顺。后削发遁入空门。出家期间,他苦读《内经》《伤寒论》《本草纲目》等医著,后又还俗为医。

喻嘉言与张璐、吴谦齐名,并称"清初三大医家"。著有《寓意草》《尚论篇》《尚论后篇》《医门法律》等。

脑洞大开

1. 你知道"清初三大医家"都有谁吗?
2. 你觉得,治好县令失眠的真是"响豆"吗?

巧做"安神"小香囊

学习时保持心情平静更有助于记忆,睡眠时保持质量和深度更有助于健康。今天就教同学们制作一款"安神定志"的中药小香囊,让它在学习时陪伴你平心静气,在睡眠时陪伴你美梦香甜!

配方:陈皮、木香、香附、佛手、香橼、甘松、远志、夜交藤、玫瑰花各2克,合欢花4克。

制作:将上述药材捣碎,放入纱布袋或无纺布袋,再装入漂亮的香囊外皮,一个安神定志、平静心绪、馨香助眠的小香囊就做好了!

书山有路勤为径,学海无涯苦作舟。同学们,快做个小香囊犒劳一下努力学习的自己吧!

扫码听故事

叶桂饭团愈奇病

叶桂，字天士，是清朝江南一带的名医，他临证仔细，常能从细节处发掘病因，为人又风趣幽默，为后世留下了许多有趣的医案故事。

那年盛夏的一天，叶天士府上来了一位不速之客，来人是南京城的大官吕维其家的家丁，专门来请叶天士出诊的。

来人着急地说："自从三四天前，我家小公子在后花园玩了一会儿之后，就得了怪病，不能穿衣服，也不能让人碰，一挨着就哭闹个不停，找了好几个大夫过来瞧，也不知道是什么原因。老爷让我务必尽快请先生过去救治。"

叶天士一听，也没二话，收拾起诊具，便跟随家丁来到了吕府。

叶天士仔细查看了吕小公子的皮肤，发现他周身不红不肿，不寒不热，脸色也没有异常，吃饭说话都和平时一样，且脉象平和，不像是得了什么大病。

"小儿到底得了什么病？该不会是撞见了什么邪祟吧？"吕维其见叶天士迟迟不开口，慌了起来。

"带我去当时小公子玩耍的地方看看吧！"叶天士说。

家丁连忙带着叶天士来到后花园的池塘边，只见池中荷花点点，碧波荡漾，池边绿柳成荫。

仆人指着柳荫下的石板路，愁眉苦脸地说："那天小公子嫌热，非要在这里睡觉，谁承想，醒了就成这样了！"

叶天士仔细地看了看柳树，又看了看地面，心中了然，便微微一笑说："小公子病得古怪，一般的药物是治不好的，得用怪法子才行啊！"说完便回到房中，提笔开方。

只见方中写道：白糯米三石（dàn），洗净蒸熟，做成饭团，连做三天。

吕维其拿着药方，和仆人面面相觑，正要发问，却听叶天士说道："你们拿着蒸好的糯米饭团到城里最热闹的集市上，分发给那些衣衫褴褛的灾民，记住，只剩最后两个饭团带回来，到时我自有妙用。"

吕维其一听，顿时犹如剜心般地疼痛，发三天的糯米饭团，这得多少银子啊！而且这种治法闻所未闻，真的会有效吗？没办法，为了儿子，也只能照办。

很快到了第三天的傍晚，叶天士拿着最后剩下来的两个糯米饭团来到了小公子的床前，用糯米饭团在他的身上、胳膊上滚来滚去。

说也奇怪，不一会儿，刚才还躺在床上哭闹不停的小公子就渐渐停下了哭声，翻身坐了起来，再也不怕穿衣服了。

吕维其再也顾不得心疼饭团了,连连感谢叶天士妙手回春。

叶天士回到家中,他的弟子们十分疑惑,便询问他饭团治病的奥秘。叶天士不慌不忙地说道:"小公子的病说怪也不怪,关键是要找到这病发生的原因。我在他乘凉的地方,看见柳树上有许多毛毛虫被太阳暴晒,脱落下了不少刺毛。这些刺毛很小,不容易看见,粘在身上了自己也不知道,可是一旦上身,刺毛就会刺得人疼痛难忍。利用糯米饭团的黏性,正好可以把这些刺毛粘干净,病不就好了嘛!"

"可是,粘刺毛只要一两个饭团就行了,您为什么要他们蒸三石糯米饭呢?"

叶天士叹了口气说:"吕维其这只铁公鸡,不知多少次克扣赈灾粮食了,这次就算是给他个教训吧!只是委屈小公子了。"

名医名片

叶桂（1666—1745年），字天士，号香岩。江苏吴县（今江苏苏州）人。清代著名医学家，"温病四大家"之一，中国最早发现猩红热的人。主要著作有《温热论》《临症指南医案》《未刻本医案》等。

叶天士出生于医学世家，祖父和父亲都是当时的名医。他幼承家学，信守"三人行必有我师"的古训，拜师不分长幼出身，只看医术高低。从12岁到18岁，仅仅6年，他先后求教过的名医就有17人。他虚心求教，师门深广，令人肃然起敬。

脑洞大开

1. 叶天士最早发现了哪种传染病？
2. 叶天士为什么要让吕家连做三天的糯米饭？
3. 通过这个故事，你觉得叶天士是个怎样的人？

五谷杂粮的妙用

故事中的叶天士,仅仅应用了糯米的黏性,就成功治好了小公子的怪病。你知道吗,其实我们平时吃的大米白面,不仅能为我们提供营养,也可以治疗疾病、守卫健康呢!

《黄帝内经》中说,我们健康的饮食是以"五谷为养,五果为助,五畜为益,五菜为充"。

中医认为"五谷可养五脏",麦、黍(蜀)、稷、稻、豆分别对应肝、心、脾、肺、肾,即小麦为"百谷之长"应肝,黍米(高粱米)色赤应心,小米色黄应脾,大米色白应肺,豆类(尤其是黑豆)应肾。

如果平素肝火大,容易生气发脾气,或者一生气就胃痛,可以尝试用面粉煮成面汤,作为早餐或晚餐,经常食用。

如果常常感到心烦不宁,失眠多梦,可以尝试一下高粱米煮粥喝,来宁心安神;如果呼吸系统不大好,容易感冒,或者经常咳嗽、皮肤干枯,经常吃大米粥将会是个不错的选择。如果脾胃不好,容易胃寒不消化,那么就可以经常吃小米粥来养胃;如果经常熬夜,并为自己年纪轻轻就早生华发而烦恼,试着常吃些豆类,特别是黑豆来补益肾气吧!

扫码听故事

叶薛一笑泯恩仇

明清两代，苏州出了不少名医，也留下了许多精彩的医话。比如，前面故事里讲到的叶桂。再比如，今天故事里要讲的薛雪。

薛雪又叫薛生白，比叶桂小十几岁，虽不是医学世家出身，却也是位名门公子，六艺俱全，医术更是出众，人也有趣得很。相传，薛雪曾和一位怪和尚一起喝酒，和尚喝了好多瓢都没醉，他才喝一瓢就倒了，于是自号"薛一瓢"。

薛雪和叶桂同居一城，又都是杏林高手，会不会暗暗较劲、磕磕绊绊，演绎出什么恩怨情仇的故事呢？

你还别说，这样的事还真就发生了。

乾隆年间，苏州一带发生疫情，官府增设了官医局，聘请当地名医轮流坐诊，救助患者。

一天，薛雪轮值，有位更夫前来看病，只见他全身浮肿发黄，表情十分痛苦。薛雪为他诊过脉后，摇了摇头，说："你这水肿病已经太重了，治不了了。"

更夫一听，顿时整个人都不好了，他失魂落魄地走出门，抬眼正瞧见叶桂朝这边走来，于是紧跑几步，"扑通"一声跪在叶桂面前，大呼救命。

叶桂一看，奇怪道："你不是这片的更夫吗？前两天还听你打更呢，怎么今天就喊救命了？"

更夫把薛雪的话重复了一遍。叶桂沉吟说："你脸上的确一派绝命之象啊！"随后又问道："你夏日打更，经常被蚊虫叮咬吧？"

更夫一下听蒙了，这和救命有啥关系？但还是如实答道："确实难忍，但小人有……"

更夫还没说完，叶桂就笑着接道："燃香驱虫？"

更夫连连点头。

叶桂的表情更轻松了，说道："你啊，是中了蚊香的毒了。我给你开几服药，解解毒吧。"

说完就领着更夫进屋开药，更夫服用后果然痊愈了。

这件事很快在坊间传扬开来，还被添油加醋成数个版本，最离谱的一个版本中，薛雪不仅成了危言耸听的笑柄，还凭空多出来了一段他和叶桂当街"斗医"的戏码。

真是人言可畏啊！

薛雪听到后又气又羞，一怒之下把居所命名为"扫叶庄"，并且亲手书写匾额挂在门前，决心一雪前耻。

叶桂得知此事后也十分愤怒，决定以其人之道还治其人之身，便把自己的书斋更名为"踏雪斋"，以表达对薛雪的不满之情。

正当苏州城的老百姓觉得又有热闹可看的时候，反转猝不及防地出现了！

叶桂的母亲突然患病，卧床不起。叶桂亲奉汤药，治了几天都不见效，忧心不已。

薛雪听说后，却叹了口气，对人说道："老夫人明明是热证，非得用大寒的白虎汤才行，天士兄肯定是知道的，只是爱母心切，不敢决断哪！"

这话很快传到叶桂耳中，他听后恍然大悟，赶紧煎了白虎汤给母亲服用，果然药到病除。

事后，叶桂非常感谢薛雪的侧面指点，便主动登门拜谢。薛雪也备受感动，当即摘下"扫叶庄"的匾额，并表示了歉意。

自那以后，两人一笑泯恩仇，时常共同切磋医术、分享经验，为清代温病学的发展做出了巨大贡献，并与吴瑭、王士雄一起，被后世誉为"温病四大家"。

名医名片

薛雪（1681—1770）字生白，号一瓢，吴县（今属江苏）人，清代温病学家、画家、诗人，著有《医经原旨》《湿热病篇》等医学书籍，另有《扫叶庄诗稿》《一瓢诗话》等多部诗文集传世。

薛雪专注于对湿热病的研究，突出了湿、热两种邪气相合为病的特点。他在著作《湿热病篇》中详细论述了湿热病的发病原因、特点以及如何用药等，弥补了叶桂对此类疾病研究的不足，被后世誉为"温病四大家"之一。

脑洞大开

1. 叶母的病是用哪个方子治好的？

2. 清代"温病四大家"，指的是哪四位医家？

3. 薛雪和叶桂，你更喜欢哪一个？为什么？

学以致用

巧用石膏点豆腐

白虎汤是中医名方，最善于清热，石膏是这个方中最主要的药材。因为石膏别名白虎，所以这个方子叫白虎汤。白虎汤是猛药，所以叶桂使用时很小心。

石膏既可入药，也有许多其他用途，比如可做蛋白质凝固剂，旧法做豆腐，就要用到它。豆腐是种不错的小食品，清热润燥、生津止渴，

下面，就让我们学习一下怎么用石膏做豆腐吧！

配料：干黄豆250克、食用熟石膏12克、温水250克、清水4000毫升。

步骤：

1. 黄豆洗净，用清水浸泡6小时左右，水量要超过黄豆至少一指高，大概会泡发成1斤左右的湿黄豆。

2. 泡好的湿黄豆，和着清水，分批次放入豆浆机（或榨汁机）中，打成生豆浆。

3. 用细孔纱布过滤生豆浆，扔掉渣滓。

4. 将过滤好的生豆浆，放入锅中煮沸2分钟，撇去浮沫。注意，这个过程要不断搅拌，以免糊底影响口感。

5.将煮好的熟豆浆冷却5分钟,捞出上面形成的豆皮(可以吃)。

6.熟石膏用温水兑好、搅匀,倒进电饭煲中摇一摇,再倒入85℃熟豆浆,稍加搅拌,加盖保温15分钟后打开,此时豆浆已凝固成豆腐花了,撇掉浮沫。想吃的话,可取少量,品尝一下。

7.把豆腐花放到模具里(可用大盆代替),盖上纱布,放上干净的重物,把水压出来,大概15分钟后,就成型了。想吃硬点的就多压一会儿,想吃嫩豆腐就少压一会儿,时间自己掌握。

同学们,健康营养的豆腐做好啦,快来品尝下自己的手艺吧!